高速公路施工大气污染防治技术指南

吴　冰　乔树勋　刁胜勇　编著

科学出版社
北　京

内容简介

本书紧紧围绕高速公路施工大气污染防治技术，在分析高速公路场站建设、路基、路面、桥梁、隧道、服务区、机电与交安、绿化、缺陷处治等施工过程易产生大气污染根源的基础上，借鉴其他行业大气污染防治方法，总结、提炼、编著了本指南，为交通工程建设者们打赢“蓝天保卫战”提供借鉴。

本指南可供从事公路、铁路、水运、民航、房屋建筑等土木工程建设的管理、设计、施工、监理、监管等部门人员使用，也可供相关院校师生学习参考。

图书在版编目(CIP)数据

高速公路施工大气污染防治技术指南 / 吴冰，乔树勋，刁胜勇编著. —北京：科学出版社，2021.2

ISBN 978-7-03-068117-1

Ⅰ.①高… Ⅱ.①吴… ②乔… ③刁… Ⅲ.①高速公路–道路施工–空气污染–污染防治–指南 Ⅳ.①X799.1-62

中国版本图书馆 CIP 数据核字（2021）第 031434 号

责任编辑：孟 锐 / 责任校对：彭 映

责任印制：罗 科 / 封面设计：墨创文化

科学出版社出版

北京东黄城根北街16号

邮政编码：100717

http://www.sciencep.com

成都锦瑞印刷有限责任公司印刷

科学出版社发行 各地新华书店经销

*

2021年2月第 一 版 开本：B5（720×1000）

2021年2月第一次印刷 印张：3 3/4

字数：72 000

定价：45.00 元

（如有印装质量问题，我社负责调换）

《高速公路施工大气污染防治技术指南》

编审单位

审 定 单 位：昆明市交通运输局

编 制 单 位：昆明市交通建设工程质量监督局

参 编 单 位：中国铁建大桥工程局集团公司

昆明市建设工程质量安全监督管理总站

审定委员会

主 任 委 员：何毅刚

副主任委员：陈　勇　游　苇　彭　伟　袁　俊　许云华

委　　　员：胡云昆　彭汝琼　甘　甜　谢布宇　郭建坤

周　飞　李　昊　张晓莉　石应文

编写委员会

主　　　编：吴　冰

副　主　编：乔树勋　刁胜勇

参 编 人 员：黄金翠　戴志平　彭宗华　邢春雷

张现军　沈艺斌　李建雄

前　言

为大力推进大气污染防治工作，改善高速公路工程施工区域内的大气环境质量，最大限度地减少施工给大气环境带来的负面影响，降低空气污染指数，确保环境空气质量不滑坡，将 $PM_{2.5}$、PM_{10} 等指标严格控制在合格范围内。根据国家和地方政府关于扬尘治理方面的方针、政策及有关规章制度，通过施工技术措施的提升，洒水、覆盖、绿化等手段的有效实施，在尽量控制工程成本的前提下，以有利于促进高速公路施工大气污染防治向着标准化、规范化的方向发展为目标，以将文明施工根植于每个交通基础设施建设者内心、增强企业自觉自律为目的，为“高质量”“跨越式”综合交通发展奠定基础，在参考《高速公路施工标准化技术指南》丛书安全文明施工内容的基础上，编著《高速公路施工大气污染防治技术指南》。

《高速公路施工大气污染防治技术指南》适用于高速公路工程路基、路面、桥梁、隧道、交通安全设施、绿化等工程施工中的大气污染防治，含主体工程、施工便道、取弃土场、场站、驻地及其他临时工程的施工。

在高速公路工程施工时，各参建单位、参建人员可根据实际情况进一步细化或强化要求，对未尽事宜应予补充完善。使用过程中发现的问题和修改意见，请反馈至昆明市交通建设工程质量监督局，以便修订时改进。

著　者

2020 年 7 月

目　　录

1 总　　则

1.0.1　为规范高速公路工程施工大气污染防治工作，避免因高速公路工程施工造成大面积环境污染、水源污染、大气扬尘污染，改善参建人员和沿线百姓生产、生活环境，通过完善技术措施，优化资源配置，充分利用先进的机械化、自动化生产设备，提升工程项目管理水平和行业安全文明施工形象，确保蓝天保卫战和实质性品质工程的实现，结合昆明市高速公路工程施工大气污染防治工作开展的实际情况，编著本指南。

1.0.2　本指南主要依据交通运输部公路局《公路工程施工标准化指南系列》及国家、交通运输部、省市人民政府发布的相关文件、标准、规范、规程，以及行业内采取的成熟和先进的工艺工法与管理办法编著。

1.0.3　本指南依托昆明市境内新建、改(扩)建高速公路项目施工大气污染防治，昆明市境内其他公路、水运等交通基础设施项目施工大气污染防治技术编著。

1.0.4　高速公路工程施工大气污染防治涵盖了项目建设全过程，属地政府、全体参建人员和沿线百姓均应积极参与，大力宣传；属地政府对大气污染防治负监管责任，项目业主负管理责任，监理单位负监理责任，施工单位负企业主体责任。

1.0.5　属地政府、参建各方分别建立健全领导小组，根据各自职责编制专项方案，定期不定期开展检查、整改，按相关规定落实资金保障，全面打赢蓝天保卫战。

1.0.6　昆明市辖区内高速公路施工大气污染防治除应符合本指南外，还应符合国家现行有关标准和规范规定，以及云南省有关大气污染防治规定。

2 工 地 建 设

2.1 一般规定

2.1.1 工地建设一般包括项目参建单位驻地、工地试验室、拌和站、钢筋加工场、预制场、施工便道的建设。

2.1.2 工地建设应满足安全、环保、实用的原则，体现以人为本的理念，选址、规划、方案、建设满足相关报批程序，合法合规。

2.1.3 工地建设应因地制宜，统筹规划，设置必要的“三池一设备”(车辆过水池、沉淀池、过滤池及车辆清洗设备)，避免车辆行驶扬尘；施工废水、污水经沉淀处理达标后排放。

车辆冲洗

沉淀池

2.1.4 工地建设应确保防排水设施完善、通畅，避免污水、泥浆水漫流至场地、路面，干燥后引起扬尘。

2.1.5 工地建设应做硬化处理，并最大限度同步绿化。

2.1.6 工地建设宜采取封闭式管理，设置围挡(墙)，合理分区；对扬尘影响严重区域，应采取自动喷淋或增加洒水频次等措施降尘。

围挡应具有足够的强度和刚度，易安装、拆卸、维护、清洗；围挡上宜粘贴或喷涂与项目有关的标牌、宣传标语、警示标志等，型式统一。

(1)选用工具式彩钢板，厚度不小于 0.8mm，彩钢板背面设置龙骨，龙骨宜为 50mm×50mm×3mm 的方钢，间距不大于 1m×1m。

(2)围挡固定立柱使用不小于 80mm×80mm 的方钢，并在彩钢板围挡下加设防溢座，防溢座尺寸为500mm×240mm，彩钢板围挡应与防溢座连接牢固；防溢座用水泥砂浆抹平压光，彩钢板之间以及彩钢板与防溢座之间秘贴、无缝隙。

(3) 主要路段的围挡总高度不低于2.5m且不宜大于3.0m；一般路段的围挡总高度不低于2.0m且不大于2.5m，砖砌基座尺寸为300mm×240mm。

(4) 采用移动式围挡时，应保证施工作业人员和周边行人的安全。

驻地硬化绿化

2.2 驻 地

2.2.1 驻地包括项目业主、设计、监理、施工等单位以及农民工的驻地。

2.2.2 驻地选址应严格按规定执行，必要时进行论证，并逐级报批。

驻地总体布局

环保监测信息化调度指挥中心

2.2.3 驻地办公区、生活区应有足够的间隔距离，宜采用安全环保的供暖及降温方式，不宜使用煤炭锅炉供暖、做饭，防止煤燃烧后的废弃气体与碳残渣对环境的二次污染。

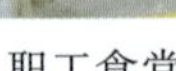

职工食堂

职工活动室

2.2.4 驻地建设用材料应安全、环保、适用，满足办公及生活需要。

(1) 装饰用墙砖、地砖、石材、砌块等材料宜采取场外定制或工厂化加工，现场确需切割、钻孔作业时，应采取湿法作业。

(2) 木制作业应在固定区域集中加工，宜采取场外定制或工厂化加工。

(3) 涂料施涂宜采用涂刷或滚涂方法，采用喷涂工艺时，应有效遮挡、加强通风扩散。

(4) 钢结构防火涂料喷涂施工时，应采用遮挡措施，有效防止污染扩散。

(5) 岩棉、玻璃棉板块材等现场切割及配置其他易扬尘材料时，应在封闭的空间内进行，防止碎屑、纤维飘散和扬尘，采取湿法作业。

(6) 机电安装工程的预留预埋应与结构施工、装修施工同步进行，如需在墙体开槽切割、孔洞钻取，应采取湿法作业。

2.2.5 驻地及驻地内道路、停车场等区域尽可能绿化、美化、硬化，不露土，经常洒水降温抑尘，改善工作和生活环境。

驻地营区规划

裸土区域硬化

裸露区域种植花草

通道铺设假草皮

2.2.6 驻地应按垃圾分类办法设置独立的废物、污物、垃圾、毒害物、厨余等堆放场所，并遮盖、密闭，与办公区、生活区保持足够距离，定期处置，密闭清运；有毒有害物质密闭保存，专人保管，按规定处置。

垃圾堆放及清运

2.3 工地试验室

2.3.1 工地试验室包括项目业主委托的第三方、施工、监理成立的工地试验室。

2.3.2 工地试验室选址、规模等满足合同及相关规定，布局合理、功能齐备、整洁美观、便于清扫。

2.3.3 工地试验室易引起粉尘、烟尘污染的主要有土工试验、配合比拌和、水泥试验、粗细集料筛分、物理力学试验、沥青混合料试验等，应按规定配备温湿度控制设备、大功率排风设备，温湿度控制设备、大功率排风设备应满足节能、环保、清洁要求，不得使用易引起二次污染的设备。

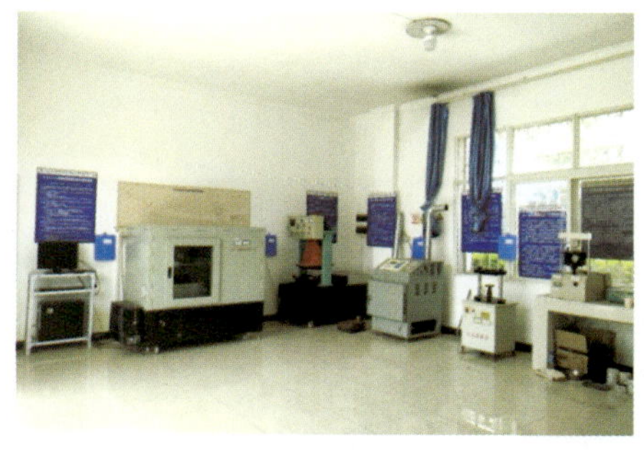

沥青混合料室

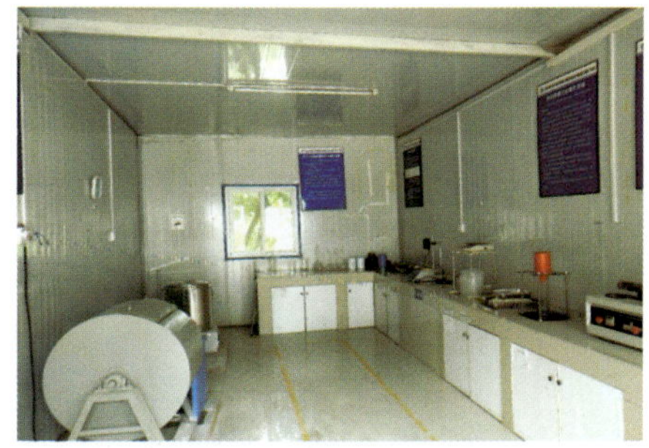

集料室

2.3.4　其他要求

(1) 根据项目混凝土、砂浆、沥青混合料等工程量建立报废试块堆放场地，容量满足存储 3 个月内所有试块数量，并加以覆盖，避免扬尘。

(2) 试验废弃原材料回收或存放应建立专门的场地，并加以覆盖，避免扬尘。

(3) 按要求建立留样室，留存样品密闭存放。

(4) 易燃、易潮、有毒有害的危险样品应隔离存放，做出明显标记，建立使用和回收台账，专人负责保管。

(5) 对电磁干扰、灰尘、振动、电源电压等应严格控制，对发生较大噪声的试验检测项目应在装有隔音设施的功能室进行试验检测。

留样室

2.4　拌 和 站

2.4.1　拌和站选址除应符合一般规定外，应根据本合同段的主要构造物分布、运输条件、通电和通水条件等特点综合考虑，尽量靠近主体工程施工部位，做到运输便利、经济合理；远离生活区、居民区，并尽量设在生活区、居民区的下风向；做好绿化、美化、硬化。

拌和站绿化美化

料场喷淋

2.4.2 拌和站的配料机、上料仓、搅拌设备及输送设备等，应采用降尘措施，并尽可能全封闭。

传送带封闭

沥青拌和站传送带封闭

2.4.3 拌和站宜全封闭管理，设置不低于 1.8m 高的围挡(墙)，并结合周边环境采用多种形式美化、亮化，且要防止对周边环境造成二次污染，确保严密、牢固、平整、美观，凡是有污染和破损的，立即清洗、更换。

拌和楼及拌和区封闭

储料

2.4.4 拌和站除应配备“三池一设备”外，宜配备空气污染监测和喷雾水炮等设备及喷淋系统，一旦污染指数超标应立即开启雾炮机、喷淋系统等设备降尘；空气污染监测设备设置于作业区附近，高度设定在 2.5～3m；空气污染监测设备宜与喷淋(雾)设备进行联动，当监测值大于规定值时，可进行自动喷淋(雾)降尘。

空气污染监测

雾炮抑尘

2.4.5 拌和完毕后，及时覆盖砂石料，洒水、清扫、冲洗场地，随时保持场地清洁、整洁、不扬尘。

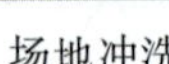
场地冲洗

集料覆盖

2.4.6 设置罐车专用清洗设备和砂石分离机，污水通过沉淀池沉淀处理后重复循环使用或达排放标准后排放，罐车必须安装防止水泥泄露的接料装置；水泥混凝土采用罐车密闭运输，防止泼洒。

2.4.7 拌和站除应按规定设置简介牌、配合比牌等外，还应设置扬尘污染防治监管公示牌，尺寸、型式、标识内容等严格按拌和站标识标牌标准执行，并经常清洗、不沾灰，始终保持整洁、清晰。

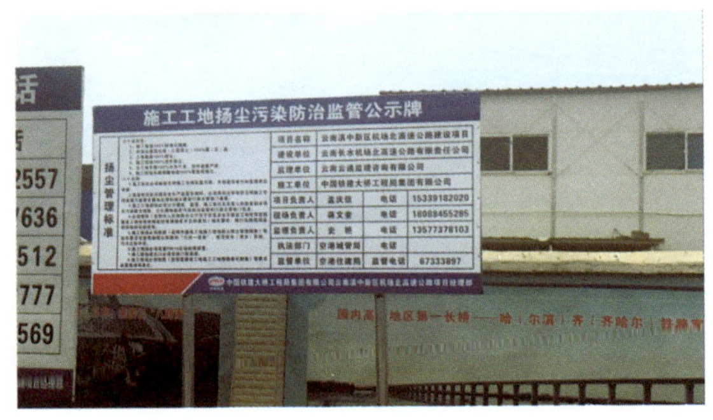

2.4.8 沥青拌和站除应满足一般拌和站规定外，应加强控制拌和生产烟尘污染。

(1) 锅炉应使用油、气、电等洁净燃料，禁止使用散煤等污染性燃料。

(2) 不得直接熔融沥青、焚烧垃圾等，避免产生有毒有害气体、扬尘。

(3) 拌和站上料口应设置吸尘装置。

(4) 拌和站料仓与上料口区间设置必要的雾炮机。

(5) 沥青拌和站生产排出的废粉经加湿后方可排出。

(6) 沥青混合料拌和站设置碎石加工除尘与石灰水循环水洗，确保细集料洁净无杂质、不扬尘。

冷料仓除尘装置

粉尘过滤器

湿法除尘装置

料仓雾炮机

2.5 钢筋加工场

2.5.1 钢筋加工场选址除应符合一般规定外，还应根据本合同段的主要构筑物分布、运输条件、钢筋加工量等特点综合选址，做到运输便利、经济合理、节能环保；选址与规划按照“工厂化、集约化、专业化”要求进行，且远离生活区、居民区，尽量设于下风向。

2.5.2 钢筋加工场宜采用封闭式管理，分区合理，功能明确，标识清晰，通风、排水等设置完善；加工生产后及时清理、清扫场地，随时保持场地清洁、整洁。

钢筋加工场分区

钢筋加工场保洁

2.5.3 钢筋加工场及简易钢筋棚场地应做硬化处理，尽可能对场地及周边进行绿化，设拱形防雨棚，避免雨水等水源漫流场地和污染钢筋，干燥后引起扬尘；雨污水应集中处理，达标后排放或循环使用。

2.5.4 钢筋加工场配备自动化加工生产设备，自动化设备可有效减少人员密集流动、分散加工带来的粉尘、烟尘和其他污染。

(1)按要求配置数控钢筋弯曲机、数控弯箍机、桁车或龙门吊装设备，宜配备自动焊接机、下料墩粗打磨一体机等自动化设备。

(2)隧道钢材加工宜配备自动焊网机、自动剪板机、液压冲孔机、气保焊机、小导管数控加工设备等。

钢筋自动化加工设备

2.5.5 钢箱梁等大型钢构件加工易产生粉尘、有毒有害气体的加工场、存放场所，且不宜采取湿法作业的，应采取除尘、有毒有害气体净化措施，加强通风，加速扩散，操作人员应加强个体防护。

钢梁现场总拼

通风口鼓风机加强通风

2.6 预 制 场

2.6.1 预制场一般包括桥梁梁板预制场和水沟盖板等小型构件预制场。选址及规划、方案除应符合一般规定外，应尽量按照“工厂化、集约化、专业化”要求规划建设，还要与桥梁下部结构施工基本同步启动，统筹实施。

2.6.2 预制场宜封闭式管理，分区合理，功能明确，标识清晰，自动喷淋、排水设施完善，喷淋包括围挡喷淋和养护喷淋；场地及主要运输道路采用厚度不小于 20cm 的 C20 混凝土硬化。

预制梁自动喷淋养护及排水系统

预制梁存梁场

预制场围挡（墙）喷淋

2.6.3 预制场宜设置必要的“三池一设备”、空气污染监测设备和扬尘污染防治监管公示牌，实时监控空气质量，采取自动喷淋、洒水等方式降尘，设置型式、规格等参照相关规定；将污水、废水通过周边水沟引入沉淀池，达标后排放或循环使用，污水、废水不得在场地内漫流。

2.6.4 废弃油料、脱模剂、模板、锯末等应做无害化集中处理，不得乱丢乱弃及焚烧，避免造成水源和空气污染。

2.6.5 预制梁(板)场的安装拆卸，宜采取湿法作业，抑制扬尘。

2.7 施工便道

2.7.1 施工便道、便桥的建设应满足施工需求，尽可能提前实施，尽量不占用农田，少开挖山体，节约资源，保护环境；可结合地方农村公路拓宽、提升改造一并实施。

2.7.2 施工便道应进行硬化，硬化最低标准采用泥结碎石或级配碎石；驻地、特大桥、隧道洞口、拌和站、预制场等大型作业区进出便道 200m 范围内的路面宜采用不小于 20cm 厚的 C20 混凝土硬化，以控制扬尘污染。

2.7.3 施工便道两侧应设置完善的排水系统；便道、便桥指定专人(队伍)负责日常清扫和养护，及时修复路面坑槽，清理排水沟和涵洞的淤泥、杂物，保障便道、便桥通畅；避免污水、废水漫流便道、便桥，干燥后扬尘；应配备洒水车用于晴天洒水，做到晴天少粉尘，雨天不泥泞，日常无投诉。

施工便道洒水、清扫、保洁

2.7.4 施工便道工地侧应设置符合要求的围挡，高度不小于 2.5m；对影响配套施工的部位，围挡可进行拆除，根据现场需要设置符合要求的临时围挡(如彩钢板等材料，高度不小于 2.0m)；对不影响配套施工的全封闭围挡应保留至交工前拆除；围挡粘贴宣传标语，对围挡经常进行擦洗，保持周围环境干净整洁。

便道临时围挡拆装、保洁

2.7.5 施工便道两侧裸土宜选用本地草(杂草)、苗木进行绿化或采用防尘网覆盖，网布网目数不小于 2000 目/100cm^2，减少扬尘污染。

3 路 基 工 程

3.1 一 般 规 定

3.1.1 路基工程施工大气污染防治包括挖方路基、填方路基、特殊路基处治、排水工程、支挡与防护、取弃土场等的施工。

3.1.2 路基工程施工要树立环保理念，坚持按照“统筹规划、合理布局、保护生态、有序发展”的原则，尽可能降低对大气、水土和生态绿化环境的破坏，通过围挡、覆盖、硬化、洒水、冲洗、绿化、夯实碾压等技术措施和手段做好大气污染防治。

碾压成型覆盖

3.1.3 路基工程排水应做好“永临结合、顺沟顺渠”的设计和施工，尽可能避免雨污水、废水漫流造成晴天扬尘、雨天泥泞。

3.1.4 路基边坡绿化应做到“三同步”：与路基工程同步准备、与路基边坡防护工程同步实施、与路基工程同步完成。

3.1.5 路基用地范围内的树木、灌木丛等，应在清表前砍伐或移植；垃圾、有机物残渣及农作物根系应予以清除；原地表以下 30cm 的草皮、表土应予以清除；清除出的物品应集中堆放在路基用地之外，处理前加以覆盖，避免扬尘，不得随意焚烧造成空气污染，草皮、表土尽量供复耕和绿化使用。

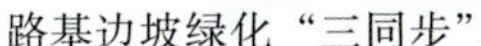
路基边坡绿化“三同步”

边坡整修雾炮降尘

3.1.6 路基用地范围内的老旧构筑物应予以拆除，拆除材料可利用的应有序堆置于指定区域，并加以遮盖；废弃材料应按方案集中处理，处理方案中包括针对性防扬尘、噪声专项措施，并严格执行。

拆除物封闭区域集中处理喷雾、洒水

3.2 挖方路基

3.2.1 挖方路基施工大气污染防治除应遵守一般规定外，还应根据土质路堑、石质路堑分别编制实施性施工组织设计，专项编制安全文明施工(大气污染防治)章节，并根据施工现场情况实时调整落实。

3.2.2 土质路堑

(1) 土质路堑的开挖应随挖随修整边坡，清理坡面，开挖过程中扬尘严重时应停止开挖作业，通过覆盖、适量洒水、雾炮等措施降尘。

(2) 土质路堑应开挖一级、防护一级、绿化一级，不能及时防护和绿化的应覆盖或采取其他措施防止扬尘。

(3) 开挖至路床部位时，应先开挖两侧排水边沟，尽快进行路床施工，使路床板结不扬尘；不能及时进行路床施工的，应在路床顶面以上预留至少 30cm 厚的保护层，并进行覆盖或采取其他措施防止扬尘。

(4) 土质路堑开挖出的土能用于路基填筑的应尽量利用，减少弃渣；外运应密闭或遮盖，运输车辆应保持洁净，避免运输过程扬尘。

土质路堑边坡施工防尘

3.2.3　石质路堑

(1) 石质路堑开挖采取爆破方案时应以光面爆破、预裂爆破为主，爆破技术以水压爆破为佳，水压爆破在爆破时产生水雾能有效抑制扬尘，同时减少用药量，节约成本；

爆破时可采用废旧轮胎编织物等物品覆盖爆破面，避免飞溅、减少扬尘；

起爆后在排除险情的前提下，应尽快进行适量洒水或开启雾炮降尘。

(2) 石质路堑开挖采取机械方案时，应配备足够的洒水设备或雾炮设备，湿法施工，避免扬尘。

(3) 石质路堑开挖出的石料应充分加以利用，减少弃渣；外运应密闭或遮盖，运输车辆应保持洁净，避免运输过程扬尘。

石质路堑边坡防护、防尘

3.3　填方路基

3.3.1　填土路堤

(1) 填土路堤的填筑应先进行试验路段的施工，根据试验路确定的松铺厚度、自卸车容量、摊铺及碾压机械设备配套、路基填筑全断面宽度等，计算一次上土量，打格上土、挂线施工，上土段落不宜过长，一般控制在200m以内。

打格上土

(2) 根据天气情况，实时检测填料含水率，在含水率适宜时（最佳含水率为±2%）进行碾压，碾压过程中检查表层含水率，如含水率偏低，应适量补水，防止碾压过程中产生扬尘；碾压应一次到位，满足压实度、平整度等要求，形成板结层，有效抑制后期施工扬尘。

上土后临时覆盖

洒水碾压，抑制扬尘

路基边坡临时覆盖

(3) 填土路堤施工段落应配备适量的洒水车、雾炮机设备，上土、碾压、通行全过程监控，一旦扬尘及时开启。

(4) 填土路堤段落施工完成未进行路面结构层施工前宜进行交通管制，避免无序通行造成大面积扬尘。

(5) 填土路堤段落施工完成后，应及时施作边坡防护和绿化，对于无防护的路段应采用临时覆盖措施避免扬尘。

3.3.2 填石路堤

(1) 填石路堤的填料质量应符合规定，施工时采用大功率推土机及重型压实机具易引起扬尘，应配备足够的洒水车、雾炮机等设备，一旦扬尘及时开启。

(2) 填石路堤应选择合格的石料进行边坡码砌，码砌厚度符合要求，边坡码砌与路堤填筑应同步进行，既保证路堤质量又避免边坡长时间暴露导致扬尘。

(3) 填石路堤排水、绿化同步实施，避免雨水等在边坡面漫流污染，干燥后扬尘。

填石路堤填筑洒水抑尘

边坡码砌抑制扬尘

3.3.3 其他类型填料填筑的路堤参照填土和填石路堤，根据填筑长度配备必要的洒水、雾炮机等降尘设备，实时监控扬尘情况；及时施作排水、边坡防护和绿化，对于无防护的路段应采用临时覆盖措施避免扬尘。

3.3.4 特殊路基处治

(1) 特殊路基处治施工应根据软土路基类型按设计要求选择最佳方案，编制实施性施工组织设计，实施性施工组织设计包含大气污染防治、噪声控制、水土保持、水污染防治等内容，并严格落实。

(2) 特殊路基处治有挖除换填、抛石挤淤、垫层、反压护道、砾(碎)石桩、水泥搅拌桩、CFG 桩、塑料排水管、管桩、约束桩等方式，首先应严把材料关，所用材料应洁净，施工中应避免材料受到污染，既保证质量，又最大限度防止扬尘。

材料运输应密闭或遮盖，避免运输过程扬尘；精确计算每次材料用量，减少倒运和露天堆放，露天堆放应遮盖。

(3) 采用挖除换填、抛石挤淤、垫层、反压护道等方式处治特殊路基时，除应遵守一般规定外，大气污染防治参照填土路堤和填石路堤。

(4) 采用各类型桩处治特殊路基时，除应遵守一般规定外，对设备应严格检查，配套完整，所用油料应满足要求，避免产生大量废气。

(5) 设备清洗、检修、移位应加强管理，污水、废水、废油、废弃材料应集中处理，避免污染大气和水源；施工时应严格按操作规程实施，配备必要的雾炮设备，一旦扬尘及时开启。

(6) 施工时密切关注材料用量，出现异常情况时应及时调整参数或经论证后调整方案，避免材料无序外流污染周边水源；桩头处理应采取湿法作业，避免扬尘。

(7) 特殊路基处治施工完成后，对可能扬尘的段落应采取临时覆盖措施。

沉入桩施工周边裸土覆盖

围挡自动喷淋

3.3.5 排水工程

(1) 排水工程施工大气污染防治除应遵守一般规定外，易引起扬尘的工序主要在开挖、混凝土及砂浆拌和，以及排水不畅淤堵后干燥扬尘等，范围不大，也应加强控制。

(2) 排水工程开挖宜采取湿法作业，开挖长度不宜过长，避免土体长时间暴露，开挖后及时施作圬工砌体，有效控制扬尘。

(3) 排水工程的混凝土及砂浆拌和应采取集中拌和、构件集中预制，拌和、预制、运输、现场浇筑应遵守相关规定，有效控制扬尘。

3.3.6 支挡与防护工程

(1) 支挡与防护工程施工大气污染防治除应遵守一般规定外，易引起扬尘的工序主要在开挖、钻孔与清孔、混凝土及砂浆拌和、砌筑与安装、边坡植物防护施工等。

(2) 支挡与防护工程应根据设计文件要求，结合现场实际，编制实施性施工组织设计，大型支挡与防护工程施工方案应经专家论证，逐级报批后实施，施组中包含大气污染防治、水土保持等内容，并严格落实。

(3)支挡工程结构型式主要有浆砌片(块)石挡土墙、挂板式桩板墙、抗滑桩等；

基础开挖时宜采取湿法作业，开挖出的渣土应集中存放，外运渣土应密闭或覆盖；

开挖需爆破时，爆破施工大气污染防治可参照石质路堑；

经检验可用于路基或墙背回填的渣土长期存放现场时，应采用临时覆盖措施避免扬尘；

混凝土与砂浆拌和应采取集中拌和、构件集中预制，拌和、预制、运输、现场浇筑应遵守相关规定，有效控制扬尘；

施工现场配备必要的雾炮机等降尘设备，一旦扬尘及时开启，也可用于混凝土养生；

墙身、墙面、桩身拆模后及时冲洗、养护表面，保持洁净，有效防止扬尘。

(4)边坡防护工程型式较多，浆砌圬工类施工时应遵守相关规定有效防治大气污染，施工完成后表面保持洁净；

主(被)动柔性防护、边坡锚固防护需现场钻孔和清孔，特别是无水干钻时，施工现场应配备足够的雾炮机等降尘设备，一旦扬尘及时开启；

其余工序施工参照或遵守相关规定，做好扬尘、有害气体等的防治。

(5)边坡植物防护型式和植物种类应根据气候、水文、土壤性质等进行比选，可参照类似项目成熟经验，兼顾文化打造，选择植物种类、搭配方式，宜选择本土花、草、灌木、乔木种类，做到“稳定边坡，保持水土，融合自然”，并长期有效防止扬尘污染；

边坡植物防护应做到“三同步”，客土(种植土)覆土后应及时加强洒水、追肥、覆盖、补播、补苗，洒水时应采用高压喷雾器类设备使养护水成雾状均匀洒布于坡面，避免坡面形成径流，使种植物尽快出苗，同时有效防尘、降尘；

边坡植物防护施工过程中应在路基、路面各结构层表面、水沟等进行垫盖，产生的废水、废料、肥料、种植土等应集中收集处理，避免造成二次污染；

客土及其他材料运输时应密闭或覆盖，避免运输过程扬尘。

3.4 取、弃土场

3.4.1 一般规定

(1)取、弃土场在设计阶段应按照土石方平衡利用原则，尽量减少或避免取土、弃土，有效防止扬尘污染。

(2) 取、弃土场的选址和规模，应进行深入论证，保障稳定，减少运距，降低因运输带来的扬尘污染。

(3) 取、弃土场应设置完善的防、排水设施，全过程有效运营，避免场地积水，导致周边道路雨天泥泞、晴天扬尘。

(4) 取、弃土场施工时配备必要的洒水车或雾炮机等喷淋设施设备，一旦扬尘及时开启降尘。

(5) 取土、弃土运输时应密闭或遮盖，避免运输过程扬尘。

3.4.2 取土场

(1) 取土场的大气污染防治除应遵守一般规定外，应根据设计文件对土样、储存数量等进行核查，取土及取土后土地整治、排水、防护、绿化等应编制专项方案，专项方案包含施工大气污染防治、水土保持等方面的内容，可参照排水及边坡相关方案，并符合相关规定。

(2) 取土过程中应加强对表土的管理和再利用，可参照路基表土处治方式；裸露面不施工时应进行覆盖，避免长期暴露引起扬尘；未及时运出的土体应集中堆放并覆盖，避免扬尘。

取土场临时覆盖

3.4.3 弃土场

(1) 弃土场收纳有建筑垃圾、工程渣土等，弃土场的大气污染防治除应遵守一般规定外，应编制包括土地整治、排水、防护、绿化、复耕、大气污染防治、水土保持等的专项方案，特别对有毒有害建筑垃圾、渣土等的处治应作专项方案，避免造成大气、水源污染。

(2) 弃土、弃渣在 48 小时内不能完成清运的，在施工工地内应设置临时集中堆放场地，临时堆放场采取围挡、覆盖、洒水或喷淋等防尘措施，施工现场堆放的渣土，堆放高度不得高于围档高度。

(3) 弃土应堆放规则，不得随意倾倒，按要求进行整平，不得积水，含水率适宜时分层碾压至要求压实度、基本板结，抑制扬尘。

(4)弃土场临时渣土不能及时碾压的应采取覆盖或洒水等措施防止扬尘。

弃土弃渣分台整平、碾压、临时堆放覆盖

(5)弃土场沉降稳定后，应及时进行排水、防护、绿化、复耕，防止次生灾害，防止长期暴露扬尘。

成型弃土（渣）场

4 路 面 工 程

4.1 一 般 规 定

4.1.1 路面工程施工大气污染防治包括集料加工与储运(含垫层、底基层、基层、面层等)、拌和站、各结构层施工以及层间处理等，严格推行路面施工“零污染”，防止路面层间污染。

4.1.2 路面工程施工应编制详细的实施性施工组织设计，落实责任单位和责任人，实施性施工组织设计除应包括工程概况、编制依据、施工部署和施工方案、进度计划等内容外，还应包含环境保护、安全文明施工、大气污染防治等内容。

4.1.3 路面工程施工项目经理部、料场、拌和站、工地试验室、职民工驻地等的选址和建设除应符合一般规定外，还应综合考虑安全文明施工、大气污染防治相关要求。

4.1.4 路面结构层施工机械设备应配套完整，运输车辆应密闭，应根据拌和站产能合理安排施工进度计划，避免材料浪费，避免造成污染，未使用完的材料应集中回收、处理、覆盖，不得乱丢乱弃。

装料雾炮机抑制扬尘

4.2 集料加工与储运(含垫层、底基层、基层、面层等)

4.2.1 路面各类集料、设备应分开堆放及停放，材料堆放处设置标志牌，对易产生扬尘的材料加工，应采取湿法作业和覆盖，避免扬尘。

4.2.2 底基层、基层、沥青混合料应采取厂拌，厂拌时采取湿法作业，抑制扬尘；运输途中出现泄漏、泼洒时，应及时清扫、冲洗被污染道路，避免扬尘和污染扩大。

材料覆盖

4.2.3 严格控制砂、石、水泥的使用，最大限度减少粉尘污染；禁止焚烧沥青、油毡以及其他可能产生有毒有害烟尘和刺激性气味气体的物品；严禁用废油棉纱作引燃品，禁止烧刨花、木材余料等；风速四级以上的天气应停止易产生扬尘的作业。

4.2.4 路面用碎石宜采用反击式破碎锤或圆锥破碎机进行轧制，并配备干式除尘装置，减少集料中 0.075mm 及以下颗粒的含量，抑制扬尘。

4.3 路面结构层施工及层间处理

4.3.1 垫层包括级配碎石、天然砂砾，正式施工前，应先进行试验路段的施工，根据试验路段确定的松铺厚度、松铺系数、施工机械设备配套情况，挂好控制线，进行机械化摊铺或推土机联合平地机摊铺。

(1) 根据天气情况，实时检测填料含水率，在含水率适宜时(最佳含水率为±2%)进行碾压，碾压过程中检查表层含水率，如含水率偏低，应适量洒水，防止碾压过程中产生扬尘；碾压应按操作规程一次到位，满足压实度、平整度等要求，形成一定的板结层，有效抑制后期施工扬尘。

(2) 垫层施工完成后进行交通管制，避免无序通行造成大面积扬尘。

4.3.2 底基层包括水泥稳定碎石、石灰稳定土、二灰稳定土等，正式施工前，应先进行试验路段的施工，根据试验段确定的松铺厚度、松铺系数、施工机具的配套组合、施工碾压方法等情况，挂好控制线或打方格，进行摊铺作业。

(1) 底基层施工易引起扬尘的工序主要为混合料拌和；

厂拌法施工，应将生石灰粉、水泥分别装入不同的密闭储料罐中，粉煤灰可通过料仓配料，根据配合比确定的最佳含水率及现场材料含水率，适当提高用水量，边均匀洒水边拌和，避免扬尘；

路拌法施工，应根据试验确定的含水率、灰剂量，将合格的土摊铺完轻型压路机稳压一遍后，将粉煤灰均匀卸在摊平并打好方格的土层上，卸料、摊平应轻柔，避免扬尘；检查粉煤灰摊铺厚度和含水率，用路拌机拌和均匀，粗平、稳压；用布灰机或打方格人工撒布合格的消石灰、水泥，均匀摊平，当天采用路拌机进行拌和，并碾压成型，撒布、摊平、拌和应轻柔，避免扬尘。

(2) 每一作业段的合适长度以 200m 为宜，减少材料浪费，未及时碾压的土应覆盖，避免扬尘。

(3) 碾压完毕应及时洒水覆盖塑料薄膜养生，养生期间禁止车辆通行，确保质量，避免扬尘。

4.3.3 基层包括沥青碎石基层、水泥稳定碎（砾）石基层，基层施工应采用集中厂拌、摊铺机摊铺、压路机碾压密实工艺。

(1) 基层施工前应进行试验路段的施工，确定松铺厚度、松铺系数、摊铺碾压施工机械及配套、碾压方法等。

(2) 基层施工大气污染防治的关键也在于拌和，可参照相关规定执行。

(3) 基层施工应根据产能合理安排每天铺筑长度，避免浪费，剩余的混合料及废弃混合料应集中收集、处理，不得乱丢乱弃，临时堆放应加以覆盖，避免污染环境、水源、扬尘。

(4) 水泥稳定碎（砾）石基层碾压完毕应及时洒水覆盖塑料薄膜养生，养生期间禁止车辆通行，避免损坏基层、产生扬尘。

4.3.4 面层包括沥青混合料面层、水泥混凝土面层，拌和站建设及大气污染防治应符合相应规定。

(1) 摊铺、碾压机械设备应配套，并符合相关规定。

(2) 未能及时施工完成的混合料及废弃混合料应集中收集、处理，不得乱丢乱弃，临时堆放应加以覆盖，避免污染环境、水源、扬尘。

(3)水泥混凝土面层施工完毕应封闭交通及时进行养生，宜采用喷洒养生剂保湿覆盖的方式养生，在雨天或养生用水充足的情况下，也可采用覆盖保湿膜、土工毡、土工布、麻袋等洒水方式湿养生，避免干燥扬尘。

4.3.5 其他结构层如透层、封层、黏层施工大气污染防治参照执行。

4.3.6 层间处理

(1)路面各结构层施工前应复核高程、中线、横坡、断面尺寸等指标，仔细检查外观缺陷和污染情况，对不能满足要求的应在下一层施工前进行处理，处理应湿法作业，需铣刨的应采用清扫车加高压水枪的方式进行，不得采用压缩空气，避免扬尘。

(2)路面结构层切割、铣刨、石材层切割、清扫施工等作业时，应采取喷(洒)水等降尘措施。

(3)层间处理产生的废弃料应集中统一堆放，及时清运出场地，按规定进行处理，不得乱丢乱弃，不能及时清运的应加以覆盖。

层间处理干洗及湿法作业

4.4 其　　他

4.4.1 路面施工机械设备维修保养应集中管理，设专门车间或固定区域，废油料、废水、废零件等应统一收集、整理、处理，不得随意焚烧、丢弃，避免污染水源、环境、空气。

4.4.2 现场维修机械设备时，应在结构层上铺设彩条布等，维修完毕及时清理，避免废油料、废水、废零件污染结构层。

4.4.3 路面结构层所用外掺剂应集中统一管理，建立健全使用、回收台账制度，失效废弃的不得随意丢弃，避免污染水源、环境、空气。

5 桥 梁 工 程

5.1 一 般 规 定

5.1.1 桥梁工程施工大气污染防治包括基础、下部结构、梁板、桥面施工的全过程，梁板预制、钢筋加工、驻地建设、工地试验室、弃渣等应符合相应规定。

5.1.2 桥梁工程施工前按照“连续性、均衡性、节奏性、协调性和经济性”的原则编制实施性施工组织设计，实施性施工组织设计包含安全文明施工、水源和大气污染防治、水土保持等专项内容。

5.1.3 桥梁工程施工应封闭管理，封闭区域、围挡设置符合相关规定，对围挡定期进行擦洗，保持周围环境干净整洁，可在围挡上设置自动喷淋系统。

5.1.4 桥梁施工现场

(1) 根据需要设置“三池一设备”或移动式自动冲洗平台，对进出现场的车辆、设备进行冲洗，避免对周边道路带来泥浆污染，干燥后扬尘。

(2) 统筹规划好排水设施、沉淀池，施工、生活污水经处理达标后，方可排放或循环利用，防止污染水土。

(3) 配备洒水车、雾炮机等设备，抑制扬尘污染。

(4) 现场液态、固态等各类废弃物应按规定进行处理，严禁擅自掩埋、焚烧或排放，避免对大气和水源造成污染。

(5) 根据需要配备空气质量和噪声污染监测设备，一旦污染超过规定时，采取有效措施降低污染。

5.1.5 桥梁工程施工现场原材料、半成品经检验合格后，根据其性能和用途合理选择存放场所，存放符合相关规定，根据需要下垫上盖，避免锈蚀、冲刷污染、二次倒运及扬尘。

5.2 桥梁基础

5.2.1 桥梁基础施工前场地平整大气污染防治可参照路基施工相关规定。

5.2.2 桥梁基础灌注桩

(1) 灌注桩施工应设置相应的泥浆池、泥浆沟，泥浆池、泥浆沟、孔口应严格按照防护要求设置全封闭式防护栏，确保泥浆不外溢、施工安全有保障，废弃泥浆及沉淀物应及时清理并采用全密闭式运输车外运，减少泥浆及沉淀物在现场的裸露时间，不得随意排入河流、沟渠内，避免运输泼洒、干燥扬尘、污染水源等。

(2) 灌注桩钻孔施工尽量采用旋挖钻等先进机械设备，编制专项施工方案，减少落后的机械化施工工艺，尽量避免人工开挖，加快成孔速度，减少孔壁、泥浆池、泥浆沟、沉淀物等的裸露时间，控制可能产生的扬尘污染因素，确保施工人员的人身安全。

(3) 灌注桩进行桩头破碎及基坑开挖等易产生扬尘的施工时，采取喷雾湿润等防尘措施。

(4) 灌注桩基坑在边坡支护施工过程中，在确保安全的情况下，作业面周边宜设置喷雾降尘抑尘措施。

(5) 加强管理灌注桩施工机械设备的清洗、检修、移位，污水、废水、废油、废弃材料应集中处理，避免污染空气和水源。

5.2.3 桥梁基础沉入桩

(1) 沉入桩施工大气污染防治应符合一般规定。

(2) 加强管理沉入桩施工机械设备的清洗、检修、移位，污水、废水、废油、废弃材料应集中处理，避免污染空气和水源。

5.2.4 桥梁扩大基础和承台

(1) 扩大基础和承台的开挖施工大气污染防治可参照路基施工部分章节，包括爆破施工等，尽量采取湿法作业。

(2) 基坑开挖应进行有效防护，设专人指挥，深基坑开挖时应进行基坑支护变形监测，开挖完成后，对坡面进行遮盖或喷雾，避免扬尘。

(3) 基坑开挖根据水文地质情况设置排水、降水措施，污水、废水应集中处理，达排放标准后方可排放，避免污染水源。

(4) 基坑按要求处理完成后，应尽快浇筑垫层混凝土，避免坑底长期暴露、扬尘。

(5) 钢筋绑扎、模板、混凝土浇筑施工大气污染防治符合相关规定。

(6) 及时外运基坑开挖的土体，不得影响基坑稳定，外运应密闭或遮盖，避免扬尘。

5.2.5 围堰

(1) 围堰施工应编制专项施工方案，主要针对水源、地下水污染进行防治，围堰完成后涉及的基坑开挖大气污染防治参照相关规定，配备必要的雾炮机等防尘设备。

(2) 围堰施工机械设备的污染防治参照相关规定。

(3) 围堰拆除采取湿法作业，避免扬尘；及时清理干净拔出的桩，避免在运输、存放时扬尘，清洗产生的废水、污水应集中处理，避免污染水源。

5.3 下部结构

5.3.1 一般规定

(1) 桥梁下部结构主要包括墩柱、桥台、盖系梁，混凝土浇筑、钢筋加工及材料运输等大气污染防治应符合相应规定。

(2) 下部结构施工用水、临时用电等应满足要求，结合场地、基础和上部结构施工统筹安排、集中处理，避免乱搭乱设、废污水漫流影响大气污染防治工作的有效实施。

(3) 下部结构施工宜配备必要的雾炮机等设备，实时监控，一旦扬尘立即开启。

5.3.2 下部结构模板铣边、打磨、清洗、安装、拆除宜采取湿法作业，不得敲击模板，防止变形和扬尘；模板及构件、脱模剂等统一存放、使用、回收，必要时覆盖，不得乱丢乱弃乱放、污染环境和水源。

墩柱临时防护、模板洁净无污染

5.3.3 下部结构脚手架、支架、人员上下通道、临边防护等施工，应编制专项施工方案，按要求设置密目式安全防护网，对作业面进行全封闭。

(1) 密目式安全网应满足《安全网》(GB 5725—2009) 的要求，封闭围护高度应超出操作层 1.5m，并保持整齐、牢固、无破损，网间连接严密。

(2) 定期对密目式安全网进行清洗，清洗周期不大于 2 个月，清洗时提前洒水湿润，严禁采用掀起、拍打或吹风等方式，防止扬尘。

(3) 破损的安全网要及时更换，使用旧网的在使用前清洗干净，密目网拆除前，先清理架体内的杂物，并对密目网洒水湿润。

(4) 脚手架、支架底部应采取硬质材料封闭，并及时清理封板上的垃圾或其他遗撒物，清理时尽量采取湿法作下部结构周边场地平整、防护洁净业，防止扬尘。

下部结构周边场地平整、防护洁净

5.3.4　下部结构现场裸露土及时采用绿网进行覆盖，并定期对绿网进行维护和更换，或及时进行绿化施工，防止扬尘。

桥下场地覆盖、洒水、及时绿化

5.4　上部结构

5.4.1　一般规定

(1) 桥梁上部结构主要包括梁板 (现浇、预制)、湿接缝 (铰缝)、湿接头、端 (中)

横梁、桥面铺装等，预制梁、混凝土浇筑、钢筋加工及材料运输等大气污染防治应符合相应规定。

(2)上部结构施工用水、临时用电等应满足要求，结合场地、基础和上部结构施工统筹安排、集中处理，避免乱搭乱设、废污水漫流影响大气污染防治工作的有效实施。

(3)上部结构施工配备必要的雾炮机、洒水车等设备，实时监控，并及时清扫，一旦扬尘立即开启。

桥梁上部结构施工可视化监控

5.4.2 上部结构施工应根据设计文件编制专项施工方案，预制梁运输及吊装、现浇梁板及承重式支架、移动模架现浇箱梁、悬臂浇筑、悬拼等危险性较大的分部分项工程应进行专家论证，专项施工方案包含安全文明施工、大气污染防治等方面的内容和章节。

5.4.3 上部结构脚手架、支架、人员上下通道、临边防护等施工大气污染防治参照桥梁下部结构有关内容。

5.4.4 上部结构承重式支架施工

(1)先对支架杆件、扣件等进行清洗、除锈、刷漆处理，按相应规定集中统一堆码存放，处理过程中产生的固态、液态废弃物集中收集处理，避免污染水源和空气。

(2)按批准的方案处理地基，包括加固、硬化，做好排水系统，避免雨污水漫流干燥后扬尘，地基处理过程中的大气污染防治可参照路基工程相应规定。

(3)按批准的方案拆除支架，并及时清理干净，集中堆码整齐，严禁敲击杆件、扣件，防止变形和扬尘。

5.4.5 上部结构模板施工

(1)钢模板铣边、打磨、清洗、安装、拆除宜采取湿法作业，不得敲击模板，防止变形和扬尘；模板及构件、脱模剂等统一存放、使用、回收，必要时进行覆盖，不得乱丢乱弃乱放、污染环境和水源。

支架保持洁净

(2) 内模尽量采用钢模，采用木模时宜在固定区域集中加工，现场切割、刨光时，做好防止木屑飘散的措施，锯末等集中收集处理，严禁现场焚烧、直接倒入桥下场地。

(3) 模板安装、钢筋绑扎完成后，对散落在模板上的焊渣等废弃物及时进行清扫，集中清理，清扫时避免扬尘。

上部结构有序施工

5.4.6 梁板现浇施工

(1) 梁板现浇施工完成后混凝土养生应满足相应规定，养生用水不得漫流。

(2) 梁板现浇施工完成后及时清理剩余材料，集中堆放、清运，避免污染桥面和扬尘。

(3) 箱梁内的杂物、垃圾及时清理干净、运出场外集中处理。

(4) 对孔道压降产生的废浆进行收集，集中处理，不得使浆液直接排到桥面上及桥下场地。

5.5 桥面系及附属工程

5.5.1 桥面系及附属工程施工除应遵守一般规定外，应加强桥面铺装、防水层施工大气污染防治措施。

5.5.2 桥面铺装、防水层、伸缩缝施工前，原混凝土表面铣刨、凿除、切缝处理采取湿法作业，避免扬尘；铣刨、凿除产生的废渣、废水集中收集、处理，不得长时间堆放于桥面及直接排到桥下场地，避免扬尘和污染。

5.5.3 桥面排水做好防止梁底和桥体被雨(污)水冲刷和污染的措施；雨(污)水排放宜设置引水管道至桥下，集中收集、沉淀后，可用于桥下绿化浇灌；保持排水管清洁通畅，避免水流不畅引起桥面积水干燥后扬尘。

桥面排水接引桥下

5.5.4 混凝土防撞护栏施工，钢筋、模板、混凝土浇筑及养护等遵照相应规定，防止扬尘；护栏假缝切割时采取湿法作业，避免扬尘。

6 隧道工程

6.1 一般规定

6.1.1 隧道工程施工大气污染防治以钻爆法施工为例，包括边仰坡开挖及防护、掘进、爆破、出渣、初期支护、仰拱及填充、二衬钢筋及混凝土浇筑、隧道路面施工全过程，既有单工序作业，也存在工序交叉作业，污染物来源多、空间小、扩散难，大气污染防治应统筹兼顾各工序产生的污染物的性质，系统化开展防治。

6.1.2 隧道工程应按规定编制实施性施工组织设计及各类专项施工方案，报批后实施，实施性施工组织设计除应包含规定的主要内容外，宜专项编制安全文明施工、大气污染防治方面的内容。

6.1.3 隧道工程施工场地规划、进出场道路、驻地建设、拌和站、钢材加工场、工地试验室等大气污染防治应符合或参照相应规定。

洞外场地喷淋防尘、降尘

6.1.4 隧道工程施工配备必要的“三池一设备”、雾炮机(每洞内不少于2台)、喷淋设施、洒水车等，应用于不同的作业场所；洞口配备环境监测设备，按规定配备大功率通风机等。

洞口环境监测

车辆自动冲洗平台

洞内雾炮机降尘

洞内大功率通风机加速粉尘扩散

6.1.5 隧道洞口布设“扬尘污染防治公示牌”“建筑业农民工维权告示牌”(突出大气污染防治预防矽肺等职业病)，以及其他标志牌，标志牌尺寸、内容符合相关规定。

扬尘污染防治公示牌

建筑业农民工维权告示牌

6.2 隧道边仰坡及进洞施工

6.2.1 隧道边仰坡及进洞施工除应遵守一般规定外，应积极推广“零开挖”进洞理念，遵循“早进洞、晚出洞”的施工原则，先施工洞顶截水沟，形成完善的截排水系统，避免大开大挖大刷、雨(污)水漫流，避免污染水源和环境。

6.2.2　隧道施工需开挖边仰坡的，遵循“三同步”原则，即开挖一级、防护一级、绿化一级，不能及时绿化的采取覆盖或其他措施防止扬尘。

开挖、防护、绿化“三同步”

6.2.3　边仰坡施工需喷射混凝土、注浆进行防护的，采用湿喷工艺，注浆施工满足工艺要求，废弃混凝土及浆液应集中收集处理，不得乱丢乱弃，未及时清运的加以覆盖，避免干燥后扬尘。

6.2.4　边仰坡施工产生的废渣及时清运至指定弃土(渣)场，弃土(渣)场的大气污染防治按相关规定执行，未及时清运的进行覆盖，避免扬尘。

未及时清运的渣土应覆盖

隧道渣临时堆放覆盖

6.2.5　明洞及洞门施工宜尽早完成，待混凝土强度满足要求后，及时进行回填和绿化施工，有效抑制扬尘。

明洞回填、边坡防护及绿化

6.3 洞身开挖

6.3.1 洞身开挖大气污染防治除遵守一般规定外，钻孔、爆破、出渣、排水等大气污染防治是重点，也是难点；洞内大气中既有粉尘，也有机械设备尾气，还有炸药爆炸后产生的有毒有害气体；对不宜爆破，采用机械设备开挖的软弱围岩隧道，洞内大气污染物主要是粉尘和机械设备尾气。

6.3.2 洞身开挖应根据设计文件、地质状况(围岩类别)、机械设备、断面尺寸、施工队习惯和专业技术水平等，选择适宜的开挖方案，经报批后严格执行，应采用有利于减少超挖、减少围岩扰动的开挖方法进行洞身开挖，减少弃渣、降低围岩后期变形风险，有利于大气污染防治。

(1)洞身开挖尽可能采用机械设备，达到“先进设备换人、自动化设备减人”的目的，有利于安全生产和大气污染防治。

(2)洞身开挖钻孔不得干钻，钻孔过程中除应遵循钻孔顺序、进尺等规定外，应实时开启雾炮机有效降尘、开启通风设备加快废气尾气扩散和排放。

(3)钻孔施工有不明气体溢出时，应立即撤人，切断电源，加强通风，并检测气体成分，根据气体成分调整施工方案。

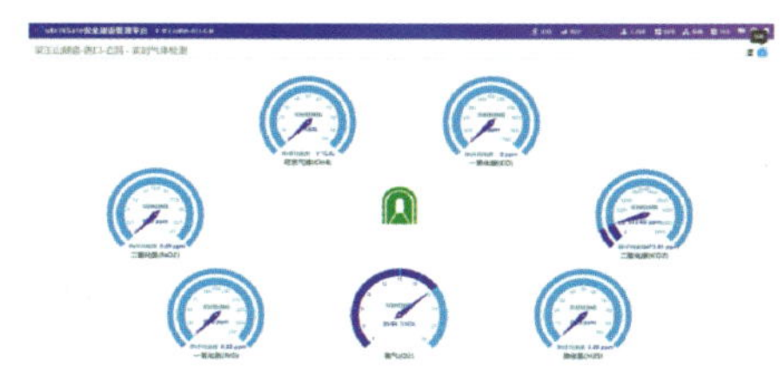

气体监测系统

6.3.3 隧道爆破应严格按照国家有关爆破安全规程和技术标准施工，采用光面爆破，必要时采用预裂爆破技术。

(1)爆破在经论证后可采用水压爆破，水压爆破在爆破时产生水雾能有效抑制扬尘，同时减少用药量，节约成本。

(2)爆破时可采用废旧轮胎、编织物等物品覆盖爆破面，避免飞溅、减少扬尘。

(3)起爆后在排除险情的前提下，应立即开启雾炮机降尘，并开启通风设备加快粉尘、废气、尾气扩散和排放。

6.3.4 采用机械设备开挖的软弱围岩隧道，开启雾炮机有效降尘，加强通风，加快粉尘、废气、尾气扩散和排放。

6.3.5 装渣出渣设备应配套，装渣时开启雾炮机和通风设备，渣土运输应覆盖，避免泼洒污染和扬尘；出渣后及时对洞内路面进行洒水清扫；渣土不能直接堆放于弃土(渣)场的，堆放于临时渣场的应加以整平并覆盖，避免扬尘；渣土洞外运输、弃土(渣)场大气污染防治参照相应规定。

出渣后及时清扫保洁

6.4 初期支护

6.4.1 初期支护大气污染防治除应符合一般规定外，初期支护施工应根据设计文件、地质状况、超前地质预报、附水情况等编制专项施工方案，专项施工方案包含安全文明施工、大气污染防治等内容；初期支护应配合开挖作业及时进行。

6.4.2 喷射混凝土使用的速凝剂、树脂胶泥等材料应符合相应规定；作业人员的皮肤应避免与速凝剂、树脂胶泥等化学制剂直接接触。

6.4.3 喷射混凝土施工按规定采用湿喷工艺，洞身喷射混凝土施工与仰拱喷射混凝土施工宜根据拌和能力，合理调整工序，尽量同步实施，减少浪费，剩余喷射混凝土集中回收、堆放、处理，避免污染环境、避免扬尘。

6.4.4 喷射混凝土施工时应加强通风，开启雾炮机，有效降尘，加快粉尘、废气、尾气扩散和排放，保证洞内湿度，加强喷射混凝土养护。

6.4.5 初期支护超前小导管等其他工序施工湿法作业，钢材焊接大气污染防治参照相关规定，避免扬尘。

湿喷混凝土作业

剩余混凝土集中堆放、回收

6.5 仰拱施工

6.5.1 仰拱施工大气污染防治除应遵守一般规定外，应编制开挖方案，包含安全文明施工、大气污染防治等内容。

6.5.2 仰拱开挖应严格按批准的方案进行，尽快实现支护结构早闭合；大气污染防治参照洞身开挖、初期支护、钢筋绑扎、钢材加工、混凝土浇筑等相应规定执行。

6.6 二次衬砌

6.6.1 二衬施工大气污染防治主要在钢筋焊接、混凝土浇筑等工序，施工时加强通风和雾炮机降尘、加快废气尾气有毒有害气体扩散和排放，保证洞内湿度，加强混凝土养护。

6.6.2 防排水施工、防水板焊接加强通风，加快废气尾气有毒有害气体扩散和排放。

6.6.3 二衬混凝土浇筑根据衬砌台车每模所需量生产，避免浪费，剩余混凝土应集中清理、回收、堆放、处理，避免污染环境、避免扬尘。

6.6.4 二衬台车加工、整修、涂刷脱模剂等参照相关规定，完善大气污染防治措施，二衬浇筑完成，待混凝土强度满足要求后拆模，拆模时严禁敲击模板，防止变形和扬尘。

6.6.5 二衬混凝土拌和及运输、钢筋场内加工等大气污染防治遵守相应规定。

6.7 其　他

6.7.1 隧道施工废污水排放应严格执行三级沉淀制度，经检测达到排放标准后方可排放；沉淀物应集中收集、堆放、覆盖，必要时进行检测，满足环保要求后再按规定进行处理，防止污染环境和水源、防止扬尘。

6.7.2 附属洞室施工大气污染防治各工序参照主洞执行。

6.7.3 小型预制构件生产安装、蓄水池开挖及混凝土浇筑、预埋件施工参照有关规定执行，宜湿法作业。

7 服务区工程

7.1 一 般 规 定

7.1.1 服务区工程施工包括房屋建筑施工、道路与管线施工、房屋拆除、物料堆放与运输、道路保洁等的施工。

7.1.2 房建工程开工前，应根据规划红线范围，设置高度不低于1.8m的围挡，围挡型式参照相关规定，全封闭施工，围挡面向道路或公共场所一侧应进行美化，并张贴警示牌、公示牌等；施工区域配备必要的雾炮机、洒水车等设备，围挡上可根据需要设置自动喷淋设施，有效控制扬尘。

7.1.3 施工现场按平面布置图要求做好主要道路、材料堆放、生活区、办公区域分区和场地绿化，确保无露土，满足防尘治理要求。

7.1.4 根据工程规模需要配备“三池一设备”或移动式自动冲洗平台，对进出现场的车辆、设备进行冲洗，避免对周边道路带来泥浆污染，干燥后扬尘。

7.1.5 提倡文明施工，建立健全控制人为噪声的管理制度，现场所有强噪声机具均应避免夜间施工，夜间浇筑混凝土时，采用低频率捣棒，最大限度减少噪声。

7.2 基 础 工 程

7.2.1 房建基础工程施工前场地平整大气污染防治参照路基场地平整。

7.2.2 桩基础工程施工大气污染防治可参照桥梁桩基础工程。

7.2.3 扩大基础施工前应编制详细的实施性施工组织设计，深基坑应编制专项施工方案，经批准后严格实施；实施性施工组织设计、专项施工方案应包含安全文明施工、大气污染防治等内容；房建工程扩大基础大气污染防治可参照桥梁扩大基础和承台施工。

(1)在确保支护安全的前提下，开挖过程宜采取湿法作业，开挖一段防护一段，并覆盖裸土防止扬尘。

(2)开挖完成经检测符合要求后，尽快进行封底施工，抑制扬尘。

7.2.4 房建基础工程施工应统筹规划好排水设施、泥浆池、沉淀池，施工液态、固态废弃物集中处理满足要求后，方可排放或循环利用，外运至指定堆放场地，外运时应覆盖，防止泼洒污染水土和大气。

7.2.5 在场地堆放的回填用土方应集中堆放，未干化之前，经表面平整压实后，用密目网进行覆盖，定时洒水保持湿润，有效抑制扬尘。

7.3 主体工程

7.3.1 房建主体工程施工包括钢筋与钢结构施工、模板、混凝土浇筑、支架脚手架搭设与拆除、砌筑施工等，大气污染防治均可参照相关规定执行。

7.3.2 脚手架

(1)脚手架外侧应按行业规范要求采用 2000 目/100cm^2 的密目网进行围挡封闭，并由专人检查、维护，严禁对设置好的密目网擅自拆除。

(2)施工时采取有效措施防止建筑材料、垃圾向外、向下撒落。

(3)清理脚手架内的建筑垃圾和废料时，采用洒水和吸尘措施，禁止直接掀翻、拍打底笆板。

(4)定期对沾有灰尘的密目网进行清洗，周期为 2～3 月/次，及时更换破损严重的密目网。

(5)脚手架拆除前，先清理出脚手架内的杂物，并对积灰较多的密目网洒水湿润。

7.3.3 积极推广装配式房建施工，逐步实现“工厂化、集约化、专业化”生产线，减少材料浪费、降低成本、提高功效，有效防止环境和大气污染。

7.4 装修装饰

7.4.1 线槽、沟槽、石材切割加工等采用湿法作业，装饰工程所用的石材优先组织半成品进入施工现场，实行装配式施工，减少因石材切割、加工所造成的扬尘污染；现场石材切割加工设置在封闭式作业间内，操作人员应佩带防尘口罩，减少扬尘对环境的污染和对人体的危害。

7.4.2 木工作业宜在封闭场所进行，保持木工间的整洁，及时清理木屑、刨花和边角料，必要时进行洒水湿润后再清理，并装袋运至指定地点堆放，定期处理，不得随意焚烧、乱丢乱放。

7.4.3 油漆涂料应采用环保水剂材料，涂刷施工时保持良好的通风，必要时加强通风措施，加快有毒有害气体扩散，加快油漆涂料的干燥。

7.4.4 楼层内的建筑垃圾（暴露垃圾）清扫前先洒水湿润，采用搭设封闭式专用垃圾通道运输或采用密封容器、装袋清运，不得在预留洞口、内天井、阳台边、窗口处凌空抛洒，定时清运搬离现场，抑制扬尘。

7.5 房建室外及配套工程

7.5.1 室外管网及道路施工时采取湿法作业，裸土及时覆盖。

7.5.2 绿化施工短期未能完工的裸土区域采用黑色遮阴网或临时性草坪覆盖。

7.5.3 其他工序施工大气污染防治可参照相关规定执行。

服务区、收费广场硬化、绿化与周边环境充分融合

服务区绿化与文旅打造

8　机电与交通安全设施工程

8.1　一 般 规 定

8.1.1　机电与交通安全设施工程大气污染防治包括护栏、标志标线、防眩设施等的施工。

8.1.2　机电与交通安全设施施工应选用环保材料，金属防腐处理产生的废污水应集中收集、消解、沉淀，达排放标准后按规定排放。

8.1.3　混凝土护栏施工大气污染防治可参照相关规定执行。

8.1.4　基础开挖、钻孔、开槽等施工采取湿法作业，避免扬尘；废渣、废水集中堆放、处理，不得乱丢乱弃乱排。

8.2　交叉作业(含设备设施运储)

8.2.1　协调机电、房建、绿化、交通安全设施、防护等工程的交叉施工，减少对路面结构层和其他已完工程的污染，交叉施工时在进出口处设置车辆轮胎冲洗设施，路面铺设彩条布。

9　绿 化 工 程

9.1　一 般 规 定

9.1.1　绿化是交通建设工程施工大气污染防治的重要手段，根据周边自然环境、气候特点、水文地质条件、地形地貌等综合考虑，达到施工过程防治和永久防治相结合、防止水土流失、与周围环境相协调、塑造人文景观的目的。

绿化与文旅打造

9.1.2　绿化所选植物优先考虑本地物种，提高成活率，降低对环境的二次污染，节约投资。

9.1.3　绿化施工做到破土区域全覆盖，不留死角，不露裸土。

9.2　绿 化 施 工

9.2.1　桥梁、隧道进出场施工便道 200m 内加强绿化，优先选择本地草种、地被，以及能大量吸收粉尘的物种，可自行收集草籽进行撒播，便道洒水清扫降尘时一并浇灌、清洗叶面，美化施工环境。

9.2.2　路基边坡绿化施工应遵循“三同步”原则，即与路基工程同步准备，与路基边坡防护工程同步实施，与路基工程同步完成；路基边坡绿化未及时完成的进行覆盖。

9.2.3 桥梁下部结构施工完成，桥下场地不作为施工场地的，宜及时进行整平、绿化施工，减少覆盖，减少不必要浪费。

立交区、绿化、防护与周边环境融为一体

9.2.4 中央隔离带绿化施工

(1) 中央隔离带两侧侧石宜高出路面和绿化填土高度，避免绿化浇水及后期养护时绿化带内的泥土随水流溢出污染路面，干燥后扬尘。

(2) 中央隔离带绿化施工时在成型路面上铺垫彩条布，防止污染路面结构层。

(3) 中央隔离带绿化施工完成后及时冲洗、清扫被污染路面，避免干燥后扬尘。

(4) 未及时使用及剩余的绿化用土、肥料等集中堆放、覆盖或清运出现场，不得乱丢乱堆，避免扬尘。

9.3 绿化养护

9.3.1 绿化施工完成后及时进行养护，提高成活率。

9.3.2 绿化养护应积极推广采用滴灌、喷淋等新工艺、新方法，在设计时统筹考虑，节约养护成本，提高成活率，提升大气污染防治效果。

9.3.3 绿化浇灌时采用喷雾的方式，不得用高压水直接冲淋绿化带，避免将坡面及中央绿化带泥土带至路面、边沟造成污染，干燥后扬尘。

9.3.4 植物移栽、补种等大气污染防治参照执行。

10 缺陷处治

10.1 一般规定

10.1.1 高速公路工程缺陷处治施工大气污染防治包括桥涵、隧道等构筑物混凝土外观缺陷、路基沉降、路面开裂、涵管及排水系统垃圾清理等处治时易引起大面积污染的部分，小范围处治可参照执行。

10.1.2 缺陷处治使用的胶凝材料、外掺剂、灌浆料、化学制剂等应符合环保要求，集中统一存放，符合储运相关规定；现场存放做好下垫上盖，避免水淋、污染，未使用完的当天回收存入库房统一管理。

10.1.3 处治产生的垃圾集中堆放于彩条布上，并覆盖，袋装或密闭清运至指定地点，避免污染路面，避免扬尘。

10.1.4 处治施工配备必要的雾炮机、洒水车等设备，湿法作业，避免扬尘。

铣刨等处治湿法作业、不扬尘

10.1.5 处治机械设备维修保养参照相关规定，不得污染现场。

10.1.6 处治产生的废水应集中收集，不得随意排放。

10.2 混凝土缺陷处治

10.2.1 混凝土缺陷处治大气污染防治除应符合一般规定外，涉及结构安全的还应编制专项方案，由专业的施工队伍实施，专项方案包含安全文明施工、大气污染防治内容。

10.2.2 凿除、钻孔作业时采用雾炮或洒水进行抑尘，不得干凿、干钻。

10.3 压浆施工

10.3.1 压浆施工大气污染防治主要针对路基路面沉降、开裂，除应符合一般规定外，还应编制专项方案，专项方案应包含安全文明施工、大气污染防治内容。

10.3.2 压浆施工前应对缺陷产生原因进行分析，路面基层破坏的进行凿除，重新铺筑，凿除采取湿法作业，避免扬尘，产生的废渣、废水集中存放、沉淀，储运符合相关规定，避免污染。

后　记

昆明是著名的“春城”，绿水青山、蓝天白云是她的名片，在践行“一带一路”伟大战略目标的过程中，为将昆明早日建设成国际区域性中心城市，打赢“蓝天保卫战”，实现“绿水青山就是金山银山”理念，昆明市交通运输局、昆明市交通建设工程质量监督局、中国铁建大桥局集团公司、昆明市建设工程质量安全监督管理总站及参与昆明高速公路的建设者们在总结以往高速公路施工大气污染防治工作经验的基础上，明确了昆明市域内高速公路工程施工大气污染防治技术措施、管理措施，以在今后昆明市交通基础设施建设活动中推广。

高速公路工程施工大气污染防治是一项必须长期坚持，应向着标准化、规范化、精细化、自律化方向发展，提升文明施工面貌，实现“高质量”“跨越式”发展。《高速公路施工大气污染防治技术指南》在参考《高速公路施工标准化技术指南》系列丛书安全文明施工内容的基础上，细化了场地建设、路基、路面、桥梁、隧道、机电及交通安全设施、绿化施工各工序环境、水、大气污染防治措施，是高速公路工程施工大气污染防治阶段性成果的总结与提炼，对于深入推进大气污染防治工作具有重要的指导作用。

当前，昆明市交通基础设施建设正如火如荼地开展，环境保护、大气污染防治任重道远，必须坚持科学发展观，努力实现安全文明发展、高效发展、绿色发展、可持续发展，打造“品质工程”。我们所做的是在保护我们自己，是为子孙后代守一片蓝天、留一方净土。

本指南的出版得到了科学出版社的大力支持，得到了昆明市高速公路建设者们的大力协助，在此一并表示由衷感谢！期望广大参与昆明市交通建设的工作者们在认真贯彻本《指南》要求的同时，推广先进的理念和成熟的工艺，不断总结经验，开拓创新，为推进昆明市大气污染防治作出新的更大的贡献。

编者

2020 年 7 月